KB234569

Well-being
두부 집에서 만들기

굿라이프 18

Well-being 두부 집에서 만들기

송명숙 지음

믹서로 누구나 쉽게,
소포제 사용 않는 확실한 손두부

이담 Books

고도로 발달된 기계적이고 수직적인 산업사회, 급변하는 지식정보사회에 사는 현대인은 다각화된 사회만큼 여러 가지 스트레스로 인하여 수많은 현대 질병으로 고생하고 있습니다. 이러한 상황과 더불어 건강에 대한 관심은 어느 때보다 높아져 웰빙(well-being)은 일반적인 생활양식으로 자리 잡아 가고 있습니다.

의학의 아버지 히포크라테스(Hippocrates, B.C. 460~B.C. 370)를 비롯하여 동서고금의 명의(名醫)들은 '인간이 건강하고 행복한 삶을 영위하기 위해 좋은 음식의 섭취와 운동이 필수'임을 주장해 왔습니다. 장기간 젊음을 유지하기 위하여 혈액순환능력과 근골(筋骨)을 유지시킬 수 있는 기능이 높아야 하고, 좋은 음식은 발육을 돕고, 노화를 예방하며, 병들지 않고 장수하며, 오래 살 수 있게 한다고 강조하였습니다.

우리콩 두부는 혈액순환계통과 근골유지 기능 강화에 가장 높은 효능을 지닌 음식이며, 21세기 최고의 건강식품이자 조상들이 남긴 소중한 전통음식입니다. 특히 각종 암, 뇌졸중과 심장병 등 각종 혈류계통의 질병들, 당뇨병, 비만, 어린이 발육부진, 노인성 치매 등에 이르기까지 현대인들이 앓고 있는 다양한 병들을 예방하고 치유하는 데 좋은 음식입니다.

한편, 세계기록유산으로 유네스코(UNESCO)에 등재된 『동의보감(東醫寶鑑)』에서도 두부의 재료인 대두(콩)가 '성질이 평(平)하며 오장(五臟)을 보호하고 중초(소화기관)와 십이경맥(오장육부의 에너지 통로)을 잘 순환시키며 장위(腸胃)를 따뜻하게 한다'고 기록되어 있습니다. 콩으로 만든 두부는 '성질이 차기(寒) 때문에 기(氣)를 동(動)하게 하고 구워(炒) 먹으면 몸을 따뜻하게 한다'고 기록되어 있습니다.

한의학에서는 약식동원(藥食同原)이라 하여 약과 음식은 그 근원이 같다고 보고, 음식을 치료에 맞게 활용하였습니다. 이런 차원에서 두부는 훌륭한 음식이자 약이라 할 수 있습니다. 따라서 건강을 잃기 쉬운 현대인들에게 『웰빙두부 집에서 만들기』는 가정에서도 건강을 지킬 수 있는, 두부를 만드는 구체적인 방법을 제시하는 훌륭한 양서(良書)로서 국민건강에 크게 이바지할 것으로 기대하며, 적극적 활용을 추천합니다.

2010년 2월
제흥(濟興)한의원 대표원장 보건학박사 김 홍 구
(사)대한한의자연요법학회 회장
(사)서울시 한의사협회 부회장

『웰빙두부 집에서 만들기』를 내면서

서양 속담에 '오늘 내가 먹는 음식이 바로 내일의 나의 모습'이라는 말처럼 가정에서 준비하는 나와 가족을 위한 식단이 바로 미래에 우리들의 건강과 밀접히 연관되어 있습니다. 이는 "음식이 바로 약이고, 약이 바로 음식이어야 한다"는[1] 동서양 명의(名醫)들의 금언이 증명합니다.

『웰빙두부 집에서 만들기』는 가정에서 두부를 직접 만드는 문화를 정착시켜 우리 국민들의 건강과 행복에 기여하고자 하는 소망에서 시작되어, 이렇게 책으로 발간되기에 이르렀습니다. '웰빙두부'라 함은 '집에서 우리콩으로 만든 흰두부·야채두부·녹차두부 등 다양한 형태의 두부와 부산물인 비지, 콩국물(두유), 각종 콩물주스 그리고 두부를 이용한 각종 토종 음식을 통하여 국민건강과 행복에 기여하는 두부'라는 의미를 지닙니다.

웰빙두부 집에서 만들기의 구체적인 방법은 수년간 계속된 '두부만들기' 연구의 결과입니다. 많은 주부들의 바람이

'믿을 수 있는 국산콩 두부를 직접 내 손으로 만들어 먹을 수 있기를 간절히 원하고 있음'에 착안하여

---

1) Hippocrates, "Let your food be medicine and your medicine be food."
   http://www.iwise.com/nlOsh(검색일: 2009.12.15).

① 집에 있는 도구를 최대한 이용하고,

② 콩과 물의 적정비율(콩물의 농도)을 산출하여,

③ 소포제 사용 않고 콩물 끓이는 방법

④ 간수치는 방법

⑤ 시중 팩두부보다 큰 두부 만들기에 중점을 두고 연구와 실습이
　이루어졌습니다.

그 결과,

남녀노소 누구나 쉽게 따라 할 수 있도록 왼쪽은 작업사진, 오른쪽은 설명을 함으로써 2~3번만 책을 보고 따라하면 맛있는 "웰빙두부"를 집에서 만들어 드실 수 있도록 제시하였습니다.

　마지막으로, 이 책이 출간되기까지 '두부 만들기 연구 실험'을 '구체화된 21세기형 집에서 손두부 만들기 방법론'이라는 관점에서 적극 후원해 주신 남편 이원우 박사님과 두부 만들기 실습에 참여하여 집에서 두부 만들기 최초의 책이라 성원해 주신 가족, 친지, 친구 여러분께 감사드립니다.

　그리고 유익한 추천사를 주신 제흥한의원 김홍구 대표원장님과 이 책의 출판에 열성을 다해주신 한국학술정보(주) 임직원 여러분께도 깊이 감사드립니다.

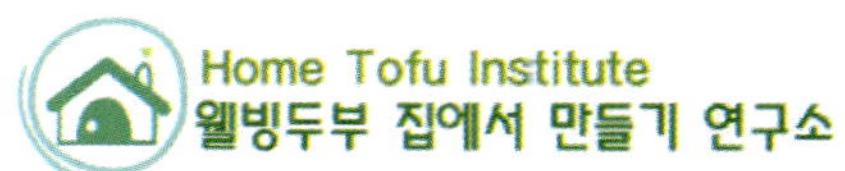

2010년 2월

저자　송 명 숙

(가정주부, 두부 연구가, 웰빙두부 집에서 만들기 연구소장)

목 차

▶ 두부를 크게, 여러 모 만들 수 있어요

집에 있는 믹서로 누구나 쉽게 두부 만들기

(40분 정도 소요)

▶ 내가 직접 만든 두부! 우리 가족 건강에 최고입니다!

▶ 두부를 집에서 만들 때 처음에는 실수도 하고, 다소 복잡하게 느
  낄 수 있지만 포기하지 말고 두세 번 반복하면 잘할 수 있어요!

▶ 월요일은 두부 만드는 날! 일주일 반찬 걱정 없어요.
  두부, 순두부, 비지(영양 듬뿍), 버릴 게 하나도 없어요.

콩과 두부(豆腐)의 유래

　문헌상에 콩이 등장하는 것은 기원전 6~7세기경으로, 주초(周初)부터 춘추(春秋) 초기까지 詩들을 수록한 『시경(詩經)』에 대두(大豆, 백태, 흰콩, soybean)를 의미하는 숙(菽)이라는 글자가 나타난 것으로부터 유래한다. 또 제나라 환공(桓公)이 만주 남부인 산융(山戎)을 침략한 후 콩을 가져와 융숙(戎菽)이라 불렀으며, 여러 문헌에서 콩이 중국 본토가 아닌 만주 남부와 한반도의 곡물로 추정되고 있다.[2]

　콩은 6~7세기경 중국 전역과 베트남 등으로 소개되고, 17세기경에는 말레이시아·인도네시아·필리핀 등 동남아시아 전역으로 전파되어 중요한 영양원이 되었으며, 점차 세계로 퍼져나간 것으로 판단된다.[3] 그러나 미국과 유럽에서는 20세기 중반까지 주로 동물 사료나 거름 그리고 유지(油脂)자원으로 활용되어 온 것이 사실이다. 이는 서양인들이 콩의 중요성을 비교적 늦게 깨달았으며, 아시아 국가들로 대규모 수출을 하면서 중요한 건강 기능식품으로서 콩 연구를 추진하는 계기가 되었다.

---

2) 정동효 외, 『콩발효식품』(서울: 홍익재, 2006), pp.855~856 참조.

3) 한국콩박물관건립추진위원회 편, 『콩 大豆 Soybean』(서울: 고려대학교출판부, 2005), pp.24~25 참조.

남만주와 한반도를 원산지로 하는 종은 약 4천 년 전 재배되기 시작한 것으로 추정되며 회령, 평양, 팔당, 김해 등 기원전 2천 년경 청동기시대 유적지에서 콩 탄화물이 출토되었음을 근거로 한다.[4]

송나라(960~1279) 때 널리 실용화된 두부는 중국의 경우 한(漢)나라, 한국은 삼국시대 이전까지로 소급되기도 하지만 이를 증명할 문헌자료가 부족하다. 그러나 비록 문헌상 자료는 부족하지만, 남만주와 한반도에서 정착생활의 증거로 맷돌을 이용하였음을 볼 때, 유구한 세월 동안 콩으로 두부를 만들어 식용하고, 일본으로 전파했을 가능성은 높아 보인다.[5]

우리나라에서 두부가 문헌에 나타나는 시기는 고려 말기이고, 고려시대를 거쳐 조선시대 중기(17~18세기)에 와서 평민층으로까지 널리 보급되었으며,[6] 중요한 음식으로 자리 잡았다.

---

4) 정동효 외(2006), p.856; 한국콩박물관건립추진위원회(2005), pp.3~9.

5) 한국콩박물관건립추진위원회 편(2005), pp.18~24, pp.335~343; 채경서, 『두부: 잘먹고 잘사는 법』(파주: 김영사, 2006), pp.11~12 참조.

6) 한국콩박물관건립추진위원회 편(2005), p.335, p.345.

두부의 탁월한 효능

'두부가 밭에서 나는 고기' 또는 '건강과 행복을 위한 웰빙식품' 이라는 사실은 21세기에 들어와 동서양을 막론하고 콩과 두부에 대한 식품의학적 검증으로 확고히 자리 잡아 가고 있다.

두부는 우리 조상들이 경작하기 쉬운 대두를 맷돌로 갈아서, 일반 가정에서 쉽게 만들어 식용하였다. 오늘날 두부는 토푸(tofu, bean curd)라는 이름으로 전 세계인들이 애용하는 식품이 되었는데, 이는 인간에게 매우 유익한 생리활성 성분을 콩이 다량 함유하고 있으며, 이 식물성 화학물질(phytochemicals)을 잘 보존하면서 섭취하기 쉬운 음식이 두부이기 때문이다.

두부는 각종 암, 뇌졸중 등 혈류와 심장 계통의 성인병, 골다공증, 여성호르몬의 증진과 대체효과, 성장발육 등에 이루 말할 수 없는 탁월한 효능을 지닌 영양소와 신비한 물질들을 가지고 있다. 현재 세계보건기구(WHO), 일본, 미국, 유럽, 한국 등에서 21세기 건강식품으로 활발하게 콩과 두부에 대한 연구가 진행 중이다.[7]

특히, 미국의 경우 성인병이 한국 · 일본 등 아시아인들보다 많은 이유가 콩의 섭취, 즉 두부의 섭취가 부족하다는 점에 주목하고 있다.

---

7) 家森幸男 · 太田靜行 · 渡邊 昌 저, 정동효 편역, 『대두 이소플라본: 건강기능식품 − 대두』(서울: 도서출판 신일상사, 2005), pp.vi∼x, pp.12∼15 참조.

아울러 유럽 국가들과 러시아 등도 비단, 성인병 등 각종 질병을 식물성 단백질의 활용으로 극복할 수 있다고 판단하고 콩 소비 늘리기를 국가정책으로 추진 중인데, 그중 하나가 '두부 만들어 먹기'이다.

두부의 탁월한 효능은 다음과 같다.[8]

첫째, 콩의 단백질·지방·식이섬유·무기질 등은 당뇨병 등 각종 성인병 예방과 개선에 탁월한 효과가 있다. 특히, 이소플라본(isoflavone)은 강력한 항산화작용제로 유방암·전립선암 등 각종 암 예방과 개선에 탁월한 효과를 낸다. 아울러 노화를 방지하며 비만, 탈모, 피부질환 등의 예방과 치료·개선에 우수한 효과를 발휘한다.

둘째, 동맥경화와 같은 혈류 관련 문제를 개선하고, 콜레스테롤을 낮추어 주며, 혈전 용해 작용과 치매 예방에 기여한다.

셋째, 골다공증 등 다양한 갱년기 장애 증후군을 예방하고 개선하는 데 유용하다. 이는 골다공증이 에스트로겐(여성호르몬)의 감소와 연관되며, 칼슘이나 비타민 등의 섭취로는 크게 진전되기 어려운 한계가 있다는 점에서 두부의 효과는 부각된다.

넷째, 콩 탄수화물이 당뇨병의 원인인 혈당 수치 증가를 억제하며, 심장·신장·눈 등에 나타나는 당뇨 합병증을 약화시키는 강한 작용을 한다.

---

8) 한국콩연구회, 『콩, 내 몸을 살린다』(서울: 한언, 2009), pp.178~209 참조.

콩은 다음과 같은 영양소와 신비한 물질을 가지고 있다.[9]

- **콩단백질**: 포화지방산, 콜레스테롤이 없고, 양질의 아미노산이 풍부하여 고혈압, 동맥경화 등 관상동맥질환을 예방한다.
- **지질**: 콩기름을 말하며 불포화지방산으로 혈액 정화작용을 한다.
- **이소플라본**: 여성호르몬 증진, 피부노화 방지, 짜증·두통·생리불순 예방, 골다공증 방지 및 개선작용을 한다.
- **사포닌**: 콜레스테롤의 흡수 억제·배출을 돕고, 과산화지질을 분해하여 발암 근원을 차단하며, 특히 결장암 발생을 낮춘다.
- **식이섬유**: 비만 및 변비 예방, 대장암 발생을 감소시킨다.
- **올리고당**: 비피더스균의 기능 보강으로 장의 활력을 증진시킨다.
- **레시틴**: 콜레스테롤 억제, 혈전 용해, 맑은 혈액 증진, 뇌세포 활성화에 기여한다.
- **비타민과 무기질**: 비타민 B군, E가 풍부하여 부드럽고 윤택한 피부, 항산화 작용으로 혈액순환, 노화방지, 다이어트 효과가 탁월하다. 두부는 성장기 어린이와 노년층에도 탁월한 효능을 나타낸다. 과자와 아이스크림 등 단맛에 길들여진 어린이/청소년들의 체질개선에 두부만큼 좋은 식품은 없다.
- **어린이/청소년 간식용**: 영양 보충, 질병 예방, 성장발육 촉진, 정신적 안정감, 학업성취도 증진, 혈액순환 증진, 근골격 계통 강화 기능으로 두뇌발달 촉진, 눈과 귀 신경 계통 평형 유지 효능이 있다.
- **노인을 위한 기능식품**: 치매 예방, 관절약화 예방, 근골격 강화, 눈과 귀에 영양 공급 등 노인 친화적인 식품이다.

---

9) 채경서, 『두부: 잘먹고 잘사는 법』(파주: 김영사, 2006), pp.32~40 참조.

Ⅰ. 두부 만들기

이용할 도구

• 두부보

• 두부자루

• 두부틀

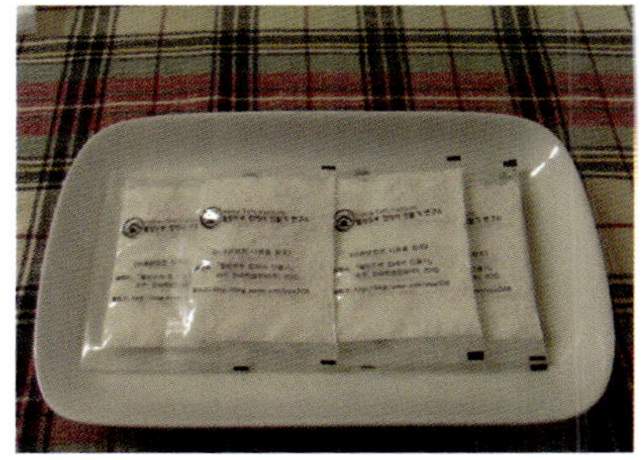

- 맛두부용
  복합응고제(간수)

* 큰 두부 한 모(550g)
  기준, 9g씩 포장됨
  (± 1g)

- 거름망/주걱
  (집에 있는 도구 이용)

▶ 궁금하신점, 도구 필요시 연락주세요.

저자 송명숙

전화: 02-6326-5778

http://blog.naver.com/sms508

 웰빙두부 집에서 만들기 연구소

1. 준비할 재료

그림 A)
불린 콩 600g

그림 B)
간수

그림 C)
생수 1,700cc

그림 D)
생수 600cc

큰 두부 1모(550g) 기준, 40분 정도 소요
 ** 시중 ‘팩두부’ 보다 크다.

그림 A) 불린 콩 600g(생콩 300g을 불리면 됨)

그림 B) 맛두부용 복합응고제 9g + 꽃소금 4g 정도(± 1g)
   * 생수 100cc에 녹여 사용

그림 C) 생수 1,700cc 정도
      * 불린 콩 갈 때 사용

그림 D) 생수 600cc 정도
      * 콩물 끓일 때 사용

2. 만드는 순서

① 콩 고르기

② 콩 불리기

③ 불린 콩 갈기

④ 콩물 거르기

체에 거르기

두부자루에 거르기

⑤ 콩물 끓이기

⑥ 간수하기

⑦ 순두부 만들어짐

⑧ 순두부를 틀에 붓고

⑨ 두부보 덮고 누르기

⑩ 두부 완성

3. 만드는 방법

1) 흰두부

그림 A)
콩 고르기

그림 B)
콩 불리기

① 콩 고르기

그림 A) 콩은 윤기가 있고 좋은 콩을 고른다(국내산 햇콩)

　　　* 오래된 콩은 간수를 칠 때 잘 엉기지 않는 원인이 될 수 있다.

② 콩 불리기

그림 B) 콩을 깨끗이 씻어 4~5배 정도의 물에 담근다.

　　　– 여　　름 : 6시간 정도

　　　– 봄·가을 : 8시간 정도

　　　– 겨　　울 : 12시간 정도

☞ 잠깐!

급할 때는 뜨거운 물에 담가 놓으면 빨리 불릴 수 있다(4시간 정도).

③ 불린 콩 갈기

그림 A) 믹서로
　　　 곱게 간다.

그림 B) 콩물

그림 A) 집에 있는 믹서로 불린 콩 600g과 물 1,700cc를 2~3회 나누어 최대한 곱게 간다.

* 믹서가 작으면 여러 번 나누어 갈기

그림 B) 믹서에 곱게 간 콩물

④ 갈아놓은 콩물 거르기

그림 A)
콩물 전부 체에
거르기

그림 B)
두부자루에 꼭
짜기

그림 C)
그림 A) 그림 B)
콩물 모아 다시
한번 거르기

그림 D) 비지

그림 A) 콩물 전부를 체에 한 번 거른다.

그림 B) 체에 남은 찌꺼기는 두부자루에 넣어 조물조물 주물러서 꼭
짠다.
* 콩물이 진할수록 두부가 크게 된다.

그림 C) 그림 A) 그림 B)에서 만든 콩물을 모아 한번 더 두부자루에
넣어 곱게 거른다.
* 콩물이 곱게 나올수록 두부가 부드럽다.

그림 D) 콩물을 거르고 남은 찌꺼기가 비지다.
* 비지는 여러 뭉치로 나누어 냉동 보관한다.

⑤ 콩물 끓이기

그림 A)
냄비에 물을 팔팔
끓인다.

그림 B)
콩물 전부 넣고
끓이기

그림 C)
거품 오르면 불
끄기

☞ 남겨놓은 생수 600cc 사용

   – 200cc는 그림 A에서 사용

   – 400cc는 뒤의 그림 D에서 사용

그림 A) 유리뚜껑 있는 큰 냄비에 생수 200cc 정도(냄비 바닥만
       잠기면 됨)를 붓고 팔팔 끓인다.
        * 콩물 끓일 때, 타거나 달라붙지 않도록 하기 위한 방법이다.

       ▶ 꼭 지켜 서서 하세요!

그림 B) 끓는 물에 만들어 놓은 콩물 전부를 붓고 센 불로 끓인다.
        * 생수 400cc를 옆에 준비해 놓는다.

그림 C) 5~7분 정도 끓이다가 부글거리면서 거품이 넘치려고 할 때
       불을 끈다.
        * 거품에 유익한 사포닌이 많으므로 걷어 내지 않는다.

그림 D)
생수 붓고 젓기

그림 E)
뚜껑 열고 중불로
끓이기

그림 F) 뜸들이기

그림 D) 거품이 넘치기 전에 준비해 놓은 생수를 붓고 저으면서
거품을 가라앉힌다.

그림 E) 뚜껑을 열어놓고 중불로 5~10분 정도 팔팔 끓인다.

* 거품이 많으면 생수를 더 붓고 젓는다.

* 구수한 콩 냄새가 날 때까지 보글보글 충분히 끓인다.

그림 F) 불을 끄고 뚜껑을 닫아 5분 정도 뜸을 들인다.

▶ 끓인 콩물 완성

* 중국에서는 식사 대용으로 끓인 콩물에 설탕/소금을
넣어 먹기도 한다.

☞ 잠깐!

거품 방지용 소포제를 사용하지 않는다.

⑥ 간수하기(간수치기)

그림 A)
완전히 끓인 콩물

그림 B)
간수하기(간수치기)

그림 C)
순두부 상태 확인

그림 A) 끓인 콩물은 바로 또는 5분 정도 지나 큰 그릇에 옮겨 담고
　　　　간수를 친다.

　　　　　* 70℃ 이하로 식으면 간수를 부어도 응고가 잘 안 될 수
　　　　　　 있다.
　　　　　* 준비한 간수는 붓기 전에 몇 번 저어 사용한다.

그림 B) ★★★ 완성된 콩물에 나무주걱을 바닥까지 넣고 5번정도 원
　　　　을 그리며 저으면서 회오리를 만들고 한가운데 간수를 확 빨
　　　　리 붓고, 나무주걱을 반대방향으로 한 바퀴 휙 빠르게 돌려
　　　　주걱을 수직으로 세워 도는 콩물이 멈추도록 한다.

　　　　　* 간수의 선택과 간수 치는 방법이 중요! 스스로 몇 번 물로
　　　　　　 연습해 본 후 간수를 해보면 곧 방법을 터득하게 되고 익숙
　　　　　　 해 진다.
　　　　　* 저자 블로그 http://blog.naver.com/sms508에 있
　　　　　　 는 간수치는 방법 동영상 참조

그림 C) 간수를 친 후 5~10분 정도 지난 다음 국자로 살짝 떠서
　　　　순두부 상태를 확인한다.

그림 D) 순두부

그림 D) 뭉글뭉글하게 된 상태가 최상의 순두부이다.

☞ 잠깐!
끓인 콩물 농도와 간수를 치는 방법이 따라 순두부 상태가 묽게, 또는 되직하게 될 수도 있다.
* 두부가 크게, 또는 작게 만들어지는 원인이 되지만 큰 문제는 아니다.

★ 순두부가 잘 엉기지 않는 이유
　① 묵은 콩이거나 콩이 신선하지 않은 경우
　② 끓인 콩물이 너무 묽을 경우
　⇒ 순두부의 물이 많고 맑게 되어 두부가 작게 된다.

　③ 순두부가 잘 엉기지 않고 물이 뿌옇게 된 경우
　⇒ 간수가 골고루 섞이지 않은 것이므로, 주걱으로 2~3번 휘저은 후, 5분 정도 두면 엉기게 된다.

⑦ 순두부를 틀에 붓고 누르기

그림 A)
두부보 깔기

그림 B)
구멍 뚫린 국자로
붓기

그림 C)
두부보 흔들어
물 빼기

그림 A) 두부보는 깨끗이 빨아 물기 있게 짜서 두부틀에 대각선
(◇)으로 놓는다.
　　　* 물기가 없으면 두부보에 달라붙는다.

그림 B) 순두부를 한두 번 저어서 구멍 뚫린 국자로 퍼서 틀에 붓는다.
　　　* 순두부의 물을 뺄 때 체를 이용해도 된다.

그림 C) 두부틀에서 어느 정도 물이 빠지면, 두부보를 양손으로 잡고
　　　조금씩 흔들어서 물을 더 뺀다.

그림 D)
두부보 4면을
잘 덮기

그림 E)
두부틀에 누르기

그림 D) 두부보의 4면을 잘 덮는다.

그림 E) 무거운 것으로 5~7분 정도 눌러 놓는다.
         또는 두부틀 위에 네모진 용기를 놓고 손으로 2-3번
         꾸욱 눌러도 된다.

    ☞ 잠깐!

    두부의 상태를 보면서 적당히 누르고, 단단한 두부를 원하면 조금
    더 눌러놓는다.

⑧ 두부 완성

그림 A)
두부보 열기

그림 B)
두부 완성

그림 A) 4면의 두부보를 연다.

그림 B) 두부틀 위에 큰 접시를 덮어서 뒤집은 후 두부틀을 걷어 낸다.

★★★ 두부 완성!!!

☞ 부침용 두부를 원할 경우, 접시에 그대로 20분 정도 두면 물이 빠지면서 좀 더 단단해진다.

☞ 잠깐!
– 국산콩 두부는 고소하고 단맛이 나며, 영양도 더욱 높다.
– 검정콩 두부도 동일한 방법으로 만들 수 있다.

※ 응용해 보세요
예 1) 두부 2모: 불린 콩 1,200g(성콩 600g을 불리면 됨), 생수 4,600cc 정도(3,400cc는 불린 콩 갈 때, 1,200cc는 끓일 때), 간수(맛두부 응고제 18g + 꽃소금 8g 정도)
예 2) 간식용 순두부 만들기: 불린 콩 200g(생콩 100g을 불리면 됨), 생수 750cc 정도(500cc는 불린 콩 갈 때, 250cc는 끓일 때), 간수(맛두부 응고제 3g + 꽃소금 1g)

2) 응용

★ 야채두부

그림 A)

완성된 끓인 콩물

그림 B)
채썰어 준비한
야채

그림 C)
끓여 놓은 콩물에
야채 넣기

【재료】

-

【만들기】

그림 A) 완성된 '끓인 콩물' 준비

그림 B) 깨끗이 씻은 당근·양파·파프리카를 얇게 채썰어 다진다.

그림 C) 채썰어 다진 당근·양파·파프리카를 간수하기 전, 끓인 콩물에 모두 붓고 젓는다.

그림 D)
야채 넣은 콩물에
간수하기

그림 E)
두부 틀에 붓고
누르기

그림 F) 야채두부

그림 D) 잘 섞인 상태에서 간수를 친다.

그림 E) 5~10분 지난 후 두부틀에 붓고 무거운 것으로
       눌러놓는다.

그림 F) 완성된 야채두부

☞ 잠깐!
아이들 간식용으로 만들어 보자.

★ 녹차두부

그림 A)

완성된 끓인 콩물

그림 B)

녹차물 만들기

그림 C)

콩물에 녹차물

넣고 저어주기

【재료】

- 흰두부 만들기 재료 및 국산 녹차가루 1큰술

【만들기】

그림 A) 완성된 끓인 콩물 준비

그림 B) 녹차가루 1큰술을(취향에 맞게 양 조절) 커피잔 1/2 정도 물에 곱게 푼다.

그림 C) 끓인 콩물에 녹차물을 붓고 젓는다.

그림 D) 간수치기

그림 E)
두부틀에 붓고
누르기

그림 F) 녹차두부

그림 D) 잘 섞인 상태에서 간수를 친다.
　　　* 흰두부 간수하기와 같은 방법

그림 E) 5~10분 후 두부틀에 붓고 눌러놓는다.

그림 F) 완성된 녹차두부

★ 카레두부

그림 A)

완성된 끓인 콩물

그림 B)
카레물 준비

그림 C)
콩물에 카레물
넣고 젓기

【재료】
● 흰두부 만들기 재료 및 카레가루 1큰술

【만들기】
그림 A) 완성된 끓인 콩물 준비

그림 B) 카레가루 1큰술을(취향에 맞게 양 조절) 커피잔 1/2 정도
　　　　물에 푼다.

그림 C) 끓인 콩물에 카레물을 붓고 젓는다.

그림 D)
카레 콩물에
간수치기

그림 E)
두부 틀에 붓고
누르기

그림 F) 카레두부

그림 D) 잘 섞인 상태에서 간수를 친다.

그림 E) 5~10분 후 두부틀에 붓고 눌러놓는다.

그림 F) 완성된 카레두부

☞ 잠깐!
다시마·쑥가루 등도 두부에 응용해 보자.

Ⅱ. 두유(콩국물) 만들기

Ⅰ. 준비할 재료

불린 콩 800g

재료

【4인 기준】

- 불린 콩 800g(생콩 400g 불리면 됨)
- 생수 1.8리터들이 1병 정도
- 오이 1개
- 계란 2개
- 방울토마토
- 생면 또는 마른 국수
- 소금, 통깨 약간

콩

여름의 별미 냉콩국수

2. 만드는 순서

① 콩 불리기

② 불린 콩 삶기

③ 삶은 콩 갈고
체에 거르기

④ 콩물 자루에

　거르기

⑤ 콩국물 완성

A) 큰 냄비에 물을 끓인다.

B) 콩을 넣고 끓임

C) 부글거리며 넘기 직전 뚜껑을 열고

D) 중불에 2~3분 더 끓이기

E) 콩을 꺼내 먹어 본다.

F) 찬물에 식힌다.

3. 만드는 방법

① 콩 불리기

② 불린 콩 삶기(아삭하게 삶기)

그림 A) 먼저 큰 냄비에 콩이 잠길 정도의 물을 붓고 팔팔 끓인다.

그림 B) 끓는 물에 불린 콩을 전부 넣고 3분 정도 팔팔 끓인다.

그림 C) 부글거리며 넘기 직전, 뚜껑을 연다.

그림 D) 중불로 줄이고, 뚜껑을 연 채 2~3분 정도 더 끓인다.

그림 E) 삶은 콩 몇 알을 꺼내 찬물에 헹구어 먹어 본다.

그림 F) 아삭하면서 콩비린내가 나지 않으면 건져 찬물에 담가
    식힌다.

☞ 잠깐!

이때 콩을 덜 삶으면 비린내가 나고 푹 삶으면 메주 냄새가
나므로 주의할 것.

③ 삶은 콩 갈고 거르기

방법 1) 음료수 대용, 맑은 두유(콩국물)를 원할 경우

그림 A)
믹서로 곱게 간다.

그림 B)
콩물을 체에
거른다.

그림 C)
체에 남은
건더기를
두부자루에 넣고
꼭 짠다.

그림 D)
체에 거른 콩물도
두부자루에 넣고
거른다.

그림 A) 삶은 콩 800g과 생수 1.8리터들이 1병을 조금씩 여러 번
       나누어 최대한 곱게 간다.

그림 B) 곱게 간 콩물을 체에 거른다.

그림 C) 체에 남은 건더기는 두부자루에 넣어 조물조물 주물러서 꼭
       짠다.

그림 D) 체에 거른 콩물도 두부자투에 넣어 한 번 더 거른다.

☞ 잠깐!
   –두유(콩국물)를 짜낸 비지는 삶은 콩이므로 더 고소하고 부드럽다.
   –냉동 보관 후 필요할 때 사용하면 된다.

방법 2) 걸쭉한 두유(콩국물)를 원하는 경우

그림 A)
삶은 콩 껍질
벗기기

그림 B)
믹서로 곱게 간다

그림 C)
체에 거르기

그림 D)
완성된 콩국물

그림 A) 삶은 콩은 찬물에 식힌 후, 손으로 비벼 껍질을 벗겨낸다.

그림 B) 삶은 콩 800g과 생수 1.8리터들이 1병을 여러 번 조금씩
나누어 최대한 곱게 간다.
* 취향에 따라 생수 양을 조절한다.

그림 C) 너무 걸쭉하면 체에 한 번만 거른다.

그림 D) 완성된 두유(콩국물)는 김치냉장고나 냉장고 안쪽 깊숙이
보관한다.
* 두유(콩국물)는 쉽게 상하므로 보관에 유의해야 한다.

4. 응 용

● 콩국수

그림 A)
면을 넣고 젓기

그림 B)
끓어 넘치려고 할
때 물 넣고 다시
끓이기

그림 C)
생면일 경우
밀가루 씻어내기

그림 D)
완성된 콩국수

① 국수 삶기

그림 A) 큰 냄비에 물을 충분히 넣고 팔팔 끓기 시작하면 면을 넣고
젓는다.

그림 B) 끓어 넘치려고 할 때 찬물 1컵을 부어 다시 끓이기를 2-3번
반복한다.

그림 C) 생면일 경우는 끓는 물에 넣기 전에 밀가루를 흐르는 물로
씻어내고 삶는다.

② 콩국수 완성

그림 D) 큰 그릇에 국수와 콩국물을 넣고, 준비해 놓은 오이채, 삶은
계란, 토마토 등을 올린다.
* 취향에 따라 소금을 약간 넣어 얼음을 띄워 먹는다.

☞ 잠깐!
칼국수 끓일 때도 흐르는 물로 씻어내고 끓이면 걸쭉하지 않고
국물이 깔끔하다.

● 콩물우묵냉채

우묵냉채

【재료】

- 콩국물 400cc
- 우묵 1/2모
- 오이 1/4개
- 통깨, 소금 약간

  (토마토, 계란 등)

【만들기】

① 차갑게 만들어 놓은 콩국물 400cc를 준비한다.

② 우묵과 오이를 채썰어 넣는다.

③ 소금으로 간을 한 후 얼음을 띄워 먹는다.

☞ 잠깐!

다이어트 식품이에요!

- ## 콩물파프리카주스

콩물파프리카주스

【재료】

- 콩국물 1컵
- 파프리카 1/2개(피망)
- 땅콩 5~6알 정도
- 설탕, 소금 약간

【만들기】

① 파프리카를 깨끗이 씻어 잘게 썬다.
② 믹서에 콩물, 파프리카, 땅콩을 넣어 곱게 간다.
③ 기호에 맞게 설탕 또는 소금을 약간 넣는다.

콩물바나나주스

【재료】

- 콩국물 1컵
- 키위 1/2개
- 바나나 1/2개

【만들기】

① 키위 껍질을 벗겨 잘게 썬다.

② 바나나 껍질을 벗겨 잘게 썬다.

③ 믹서에 콩물을 붓고 키위와 바나나를 넣고 곱게 간다.

☞ 잠깐!

어르신, 어린이 간식으로 활용해 보자.

콩물당근주스

【재료】

- 콩국물 1컵
- 당근 1/4개
- 사과 1/4개
- 설탕 또는 소금 약간

【만들기】

① 당근, 사과를 깨끗이 씻어 잘게 썬다.

② 믹서에 콩물을 넣고 썬 당근, 사과를 넣어 곱게 간다.

③ 기호에 맞게 설탕 또는 소금을 약간 넣는다.

Ⅲ. 두부를 이용한 토종음식

1. 동그랑땡

완성된 동그랑땡

그림 A)
물기를 뺀 두부와
고기 혼합

그림 B)
계란 풀어 놓기

【재료】

- 두부 1/2모
- 쇠고기(돼지고기) 곱게 간 것 100g
- 계란 2개
- 당근 1/4개, 피망 1/4개, 양파 1/4개
- 부침가루, 후춧가루, 소금 약간
- 들기름

【만들기】

① 그림 A) 짠 두부를 고기 다진 것과 부침가루, 후추, 소금 약간과 혼합하여 주물러 놓는다.

② 그림 B) 계란 2개를 그릇에 풀어 놓는다.

그림 C)
모든 재료 혼합

그림 D)
밀가루와 계란
입히기

그림 E) 두부가스

③ 그림 C) 당근, 양파, 피망을 같은 크기로 곱게 썰어 ②번과
   혼합하여 주물러서 잘 엉기도록 한다.

④ 그림 D) 먹기 좋은 크기로 둥글납작하게 만든 완자에 부침가루를
   살짝 입힌 다음, 풀어 놓은 계란물에 담갔다가 중불에
   노릇노릇하게 익힌다.

⑤ 그림 E) 둥글둥글 크게 두부가스로 만들어 케첩을 얹어 어린이
   간식으로 활용해 보자.

2. 비지전

그림 A) 반죽

그림 B) 비지전

【재료】

* 비지 300g
* 묵은지 1/2포기
* 부침가루 150g
* 들기름

【만들기】

① 묵은지는 속을 털어내고 숭숭 썰어놓는다.

② 그림 A) 썰어놓은 묵은지, 부침가루, 비지를 되직하게 반죽하여 버무린다.

③ 중불로 타지 않도록 서서히 부친다

④ 그림 B) 완성된 비지전

☞ 잠깐!

무엇을 만들까? 음식 재료가 없어 고민될 때, 냉동실에 넣어둔 비지를 꺼내 사용한다.

두부김치

【재료】

- 두부 1모
- 묵은지 1/2포기
- 돼지고기 100g
- 참기름, 고춧가루, 통깨 약간

【만들기】

① 묵은지는 속을 털어낸 후, 숭숭 썰어 놓는다.

② 썰어 놓은 묵은지를 돼지고기와 함께 넣어 참기름으로 볶는다.

③ 두부는 먹기 좋은 크기로 썬다.

④ 볶은 김치와 두부를 담아 낸다.

☞ 잠깐!

두부는 배추겉절이, 부추겉절이, 미역무침 등과 먹어도 좋다.

4. 된장찌개

된장찌개

【재료】

- 두부 1/4모
- 된장 2큰술
- 호박 1/4개
- 감자 1/4개
- 버섯류
- 풋고추, 대파, 다진 마늘, 고춧가루 약간

【만들기】

① 뚝배기에 물을 적당량 넣고 된장을 풀어 끓인다.

② 끓는 뚝배기에 호박, 감자, 버섯 등을 먹기 좋게 썰어 넣은 후, 보글보글 끓인다.

③ 준비된 양념을 넣고 두부를 썰어 넣어 중불에 조금 더 끓여 낸다.

청국장찌개

【재료】

- 두부 1/4모
- 익은 김치 약간
- 청국장 200g
- 대파, 무 한 쪽씩

【만들기】

① 익은 김치는 속을 털고 한 번 씻어낸 후 숭숭 썬다.
② 뚝배기에 청국장을 되직하게 풀고, 썰어놓은 익은 김치를 넣어 보글보글 끓인다.
③ 양념과 썰어놓은 두부를 넣고 중불에 10분 정도 더 끓여 낸다.

☞ 잠깐!

무, 우거지 등 다른 야채 재료를 활용해도 된다.

콩비지찌개

【재료】

- 콩비지 300g
- 돼지고기 100g
- 묵은지 1/2포기
- 대파, 다진 마늘, 고춧가루 등
- 새우젓 약간

【만들기】

① 묵은지는 속을 털어내고, 한 번 씻어 숭숭 썰어놓고, 돼지고기도 작은 크기로 썬다.

② 뚝배기에 묵은지와 돼지고기를 넣고 참기름 한 방울을 넣어 살짝 볶는다.

③ 볶은 재료에 물과 콩비지의 양을 조절하여 넣고 보글보글 끓인다.

④ 준비된 양념을 조금씩 넣고 새우젓으로 간을 하여 중불에 좀 더 끓인 후 낸다.

7. 얼큰순두부찌개

얼큰순두부찌개

【재료】

- 순두부 300g
- 양파 1/2개
- 계란 1개
- 모시조개 약간(물에 담가 모래 제거)
- 후춧가루, 고춧가루, 대파, 다진 마늘 약간
- 식용유, 새우젓 약간

【만들기】

① 먼저 뚝배기에 양파를 숭숭 썰어 넣고, 고춧가루를 조금 넣어 식용유로 살짝 볶아 매콤한 고추기름을 만든다.

② 순두부와 모시조개를 뚝배기에 넣어 보글보글 끓인다.

③ 양념을 넣고, 계란 1개를 풀어서, 새우젓으로 간을 한 후 중불에 조금 더 끓여 낸다.

☞ 잠깐!
어린이용 순두부찌개는 ②번과 ③번만 하면 된다.

Ⅳ. 식혜 만들기

준비할 재료

그림 A)
엿기름 물 만들기

그림 B)
엿기름 가라앉힌
물

그림 C)
엿기름 물 붓고
젓기

1 . 준비할 재료

- 엿기름 400g
- 고두밥 3공기
- 엿기름 거름자루(두부자루 활용)
- 설탕 약간
- 생수 1.8리터들이 3병 정도

2 . 만드는 방법

① 전기밥솥에 3공기 정도의 밥을 고슬고슬하게 한다. (찬밥 사용 가능)

② 그림 A) 엿기름을 자루에 담아 생수 1병의 물에 10분 정도 불린 후 조물조물 주물러서 엿기름 물을 만든다. (사용한 엿기름은 남긴 생수 2병의 물에 담가놓는다: 그림 D에서 사용)

③ 그림 B) 위의 가라앉힌 엿기름 물의 앙금은 버리고 맑은 물만 이용한다.

④ 그림 C) 밥솥의 밥에 맑은 엿기름 물을 가득 붓고 잘 저어서 보온 상태로 8시간 정도 그대로 둔다.

그림 D)
엿기름 2번째 물
만들기

그림 E)
밥솥 밥알이 뜬다.

그림 F)
⑤+⑥ 함께 부어
끓이기

⑤ 그림 D) 그림 A)에서 담가놓은 엿기름을 조물조물 주물러서 찌꺼기는 버리고 가라앉힌다. 앙금은 버리고 맑은 물만 받아 놓는다.

⑥ 그림 E) 밥솥에서 밥알이 둥둥 뜨면,

⑦ 그림 F) 큰 냄비에 위 ⑤번에서 만들어 놓은 맑은 물과 ⑥번 밥솥의 밥알이 뜬 물을 섞어, 10분 정도 팔팔 끓인다(거품을 걷어내면서).

⑧ 끓이면서 설탕을 취향에 맞게 넣고, 중불에 5~10분 정도 더 끓인다.

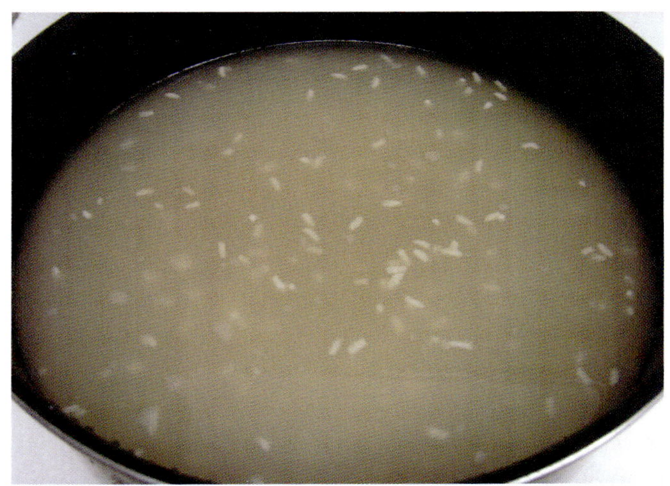

그림 G)
완성된 식혜

그림 H)
밥알이 뜬 식혜

⑨ 그림 G) 완성된 식혜

⑩ 그림 H) 밥알을 뜨게 하기 위해서는 밥알을 조금 떠서 찬물에
　 잠깐 담근 후 꺼내, 식혜 물에 띄우면 둥둥 뜨게 된다.

⑪ 완전히 식힌 후 김치냉장고나 냉장고 깊은 쪽으로 넣어 보관한다.

　* 냉동실에 살짝 얼려 사용해도 좋다.

● 두부 보관법

- 두부는 찬 생수에 담가 김치냉장고나 냉장고 안쪽에 보관한다.

- 두부를 물에 담가놓으면 단단해지지 않는다.

- 물을 자주 갈아주면 1주일 정도는 신선하게 먹을 수 있다.

작업사진 모음

생콩 300g

콩불리기

불린콩 600g

믹서에 갈기

체에 거르기

자루에 거르기

자루에 넣고

자루에 짜기

콩물 완료

콩물 끓이기

넘기직전 불끄고 저어주기

보글보글 끓이기

완성된 끓인 콩물
간수하기
엉기기 시작
순두부 만들어짐
두부틀에 붓기
보자기 들어 물빼주기
두부누르기
두부보 열고
접시에 엎기
두부완성
재 료
재 료

송명숙 ───────────────────────────────────────

▌약 력

- 가정주부
- 두부연구가
- 웰빙두부 집에서 만들기 연구소장

초판발행 2010년 3월 10일
초판 3쇄 2019년 1월 11일

지은이 송명숙
펴낸이 채종준

펴낸곳 한국학술정보(주)
주소 경기도 파주시 회동길 230 (문발동)
전화 031 908 3181(대표)
팩스 031 908 3189
홈페이지 http://ebook.kstudy.com
E-mail 출판사업부 publish@kstudy.com
등록 제일산−115호(2000. 6. 19)

ISBN 978-89-268-0878-8 13590 (Paper Book)
　　　　978-89-268-0879-5 18590 (e-Book)